儿童财商 故事系列

父母的钱是从哪里来的

曹葵 著

U0307349

四川科学技术出版社
·成都·

图书在版编目（CIP）数据

儿童财商故事系列. 父母的钱是从哪里来的 / 曹葵
著. -- 成都：四川科学技术出版社，2022.3
ISBN 978-7-5727-0274-7

Ⅰ. ①儿… Ⅱ. ①曹… Ⅲ. ①财务管理－儿童读物
Ⅳ. ①TS976.15-49

中国版本图书馆CIP数据核字（2021）第188810号

儿童财商故事系列·父母的钱是从哪里来的

ERTONG CAISHANG GUSHI XILIE·FUMU DE QIAN SHI CONG NALI LAI DE

著　者	曹　葵
出品人	程佳月
策划编辑	汲鑫欣
责任编辑	王双叶
特约编辑	杨晓静
助理编辑	文景茹
监　制	马剑涛
封面设计	侯茗轩
版式设计	林　兰　侯茗轩
责任出版	欧晓春
内文插图	浩馨图社
出版发行	四川科学技术出版社

地址：四川省成都市槐树街2号　邮政编码：610031
官方微博：http://weibo.com/sckjcbs
官方微信公众号：sckjcbs
传真：028-87734035

成品尺寸	160 mm × 230 mm
印　张	4
字　数	80千
印　刷	天宇万达印刷有限公司
版　次	2022年3月第1版
印　次	2022年3月第1次印刷
定　价	18.50元

ISBN 978-7-5727-0274-7

邮购：四川省成都市槐树街2号　邮政编码：610031
电话：028-87734035

目录

父母的钱是用劳动挣来的 第 1 章 ⋯⋯ ➤ 1

10 ◂⋯ ━ 第 2 章 奇怪，为什么大家挣的钱不一样多呢

爸妈的工资条里有大学问 第 3 章 ⋯⋯ ➤ 18

24 ◂⋯ ━ 第 4 章 想赚钱就要有耐心

自己的钱自己赚，
自己的责任自己担 第 5 章 ⋯⋯ ➤ 31

39 ◂⋯ ━ 第 6 章 每一种劳动都应该得到尊重

小朋友也能用双手挣来报酬 第 7 章 ⋯⋯ ➤ 48

53 ◂⋯ ━ 第 8 章 骗子多多，我们要学会
保护辛苦挣来的钱

主要人物介绍

小·亦

咚咚的妹妹，喜欢思考，
行动力强，善于沟通

咚咚

古灵精怪，好奇心强，
想法多，勇于尝试

咚爸

性格温和，
有耐心，
非常理解孩子

咚妈

脾气有些急，
但有爱心，
理解并尊重孩子

第 1 章

父母的钱是用劳动挣来的

小朋友们，你们知道吗？我们吃的每一粒米、穿的每一件衣服、用的每一支笔，都是用钱买来的。而我们花的每一分钱，都是爸爸妈妈用劳动挣来的。

别看哆哆现在这么擅长存钱、不乱花钱，其实她曾经也有段时间花起钱来大手大脚的，一点儿都不知道节省。

那是刚上二年级的时候。哆哆的生日快到了，她想在家里举办一个生日派对，还为自己设计了新发型——编了两条麻花辫。

"我要邀请我们班所有的同学来参加派对！"她算了算，一共有 31 个人呢。

"咱们家太小了，装不下这么多人！"哆爸为难地说。

"那我们可以去酒店啊！那里又大又漂亮，同学们一定会很羡慕我的！"哆哆可不想放弃这一年一次的机会。

"什么，去酒店？"哆爸觉得像他们这样的普通家庭去酒店给孩子举办生日派对，实在是太奢侈了。

最后，哆爸哆妈只同意在家里给她办一个小派对。

不过，哆爸哆妈还是给她买了一个超级大的蛋糕、一大堆零食、水果和装饰品，一共花了 1000 多元呢！

没过几天，哆哆又想买一辆平衡车。

"不行，平衡车不安全。"哆妈说。

"大家都在玩儿，我也要！"哆哆开始耍赖。

哆爸下班回家，刚到家门口就听到哆哆在大嚷大叫，心情更不好了。他因工作出了错，被扣了一半儿奖金呢！

"爸爸，我要一辆平衡车！"哆哆见到爸爸就嚷嚷着说。

"不行，我不会给你买的！"哆爸生气地说。

"坏爸爸！"哆哆觉得非常委屈，哭着跑回自己的房间，一个人坐在屋里哭，连好朋友咚咚来了都没察觉。

"你怎么哭了呢？"咚咚关心地问道。

"我想要一辆平衡车，可是我爸爸不想给我买！"哆哆看到好朋友来了，使劲儿倾诉自己的委屈。

爸爸不爱我！

"他们是你的爸爸妈妈，不是你的仆人，不需要答应你的每一个要求。"咚咚直截了当地说。

"只是一辆平衡车而已！"哆哆觉得这件事儿十分简单。

"买一辆平衡车要1000多元呢！"咚咚说，"你知道你爸爸一个月挣多少钱吗？你爸爸做什么工作？每天辛苦吗？"

"我不知道。"哆哆有些脸红，说，"别只问我，你知道你爸爸做什么工作吗？你知道他一个月挣多少钱吗？"

"我当然知道了！我爸爸是行政总厨，我周末去过爸爸工作的饭店，看到他不停地忙碌，可辛苦了！"咚咚心疼地说。

"哦。"哆哆从来没想过爸爸上班时在做什么，累不累，一个月能挣多少钱。

过了几天，哆哆对爸爸说："爸爸，能带我去您工作的地方看看吗？"看爸爸有点儿为难，哆哆赶紧保证说："我会很乖的，绝对不捣乱。"

"那好吧，过几天我找个合适的时间带你去公司看看吧。"哆爸很意外，女儿怎么突然想去他的公司呢？

终于到了和哆爸一起去上班的这一天。早上 6 点多钟，哆哆就被哆爸叫醒了，匆匆忙忙地洗漱、吃饭，然后和哆爸坐了一个小时的公交车才到了哆爸上班的公司。

进了公司，哆爸把哆哆领到办公室，让她在旁边看书，自己马上打开电脑，开始忙碌地工作。

哆哆看到爸爸不停地敲着键盘，一会儿沉思，一会儿叹气。这时，有人敲门进来说："经理，总经理找您。"

"好的。"哆爸赶紧出去了。

哆爸回来时，脸色很难看。

"爸爸，您怎么啦？"哆哆关心地问。

"唉，我前几天工作出了疏漏，让公司损失了不少钱，总经理又对我发脾气了。"哆爸摸了摸自己的额头，好像有点儿头疼的样子。

"我能帮您什么忙吗？"哆哆问。

"你想怎么帮我？"哆爸勉强笑着问她。

哆哆往电脑屏幕上一看，上面是密密麻麻的数字和线条，她不好意思地笑着说："我看不懂，恐怕帮不了您。"

哆爸笑了笑，继续工作。哆爸翻阅了很多资料，又在纸上算来算去，特别忙。

一整天，除了午饭时间之外，哆爸一直都在处理各种问题。到了下班时间，哆爸的工作还没有结束。

我有心无力啊！

又过了很久，在回家的路上，哆哆问哆爸："爸爸，你们公司是做什么的？"

"我们是广告公司，主要帮助客户推广各种商品，并制作广告。"哆爸解释道。

"您的工作是什么？"哆哆又问。

"我要找新客户、签订单，每多签一个订单，我的收入就会高一点儿。"哆爸说。

"签订单简单吗？"哆哆接着问。

"当然不简单啦！"哆爸说。

"有多难呢？"哆哆心中的疑问太多了，她想多了解一些哆爸的工作。

"比你做一道难题要难多啦！你做一道难题需要一个小时，但是我签一个订单可能要一个月，甚至一年呢！"哆爸说。

"爸爸，您真辛苦啊！"哆哆很心疼爸爸。

当大人是很辛苦的……

吃完晚饭后，哆哆问哆妈："您每天的工作内容是什么？"

哆妈说："我是护士，每天到医院后，给病人打针、输液、量体温、送药等，忙得脚不沾地，还要上夜班……"

"那您一个月能挣多少钱呢？"哆哆问。

"5000多元吧。"哆妈回答。

"这么多！"哆哆觉得5000元是一笔巨款。

"你认为很多吗？"哆妈听后笑了，对她说，"我们一起来算一算咱们家一个月能剩下多少钱吧。"

5000元能买一屋子好吃的了。

"好的。"哆哆答应着。

"我和你爸爸的工资加起来是15000元，减去购房贷款5000元，购车贷款2000元，你的教育费用1500元，咱们一家三口的生活费2500元，还剩多少呢？"

哆哆在纸上一步一步地算着，然后说："还剩4000元。"

"如果有人情往来或家人生病，以及平时买衣服、买鞋等，花得就更多了。"哆妈又说，"比如这个月，你的生日派对花了1000多元，买其他东西花了600多元。用剩下的4000元减去这些花销，还剩多少钱呢？"

　　哆哆边听边算，她惊讶地发现，15000元只剩下2000多元了。家里的钱花得这么快，和她还有很大的关系呢。

　　"妈妈，我不买平衡车了。"哆哆懂事地说。

　　"为什么？"哆妈问。

　　"我好像也没那么喜欢平衡车。"其实，她是觉得父母挣钱太辛苦了，不想增加他们的负担。

　　从此以后，哆哆变得更懂事了，不但不再乱花钱了，还有点儿财迷呢！

天啊，钱都没了！

奇怪，为什么
大家挣的钱不一样多呢

小朋友们，你们知道为什么大人们的收入不一样吗？有人说"因为大家的工作能力不一样"，有人说"因为大家的学历不一样"，还有人说"因为大家的工作经验不一样"，等等。他们说的都有道理，但这件事儿远比大家说的还要复杂呢！

咚妈在一家企业工作，是客服部门的一名普通职员。

这家企业近几年效益一直不太好，连员工的工资都快发不出来了。但是，最近公司传来了好消息：研发部门开发出一种新产品，吸引了很多客户购买，也许公司用不了多久就要赚大钱了。

可是，咚妈一点儿都不高兴。

"都是一个公司的，凭什么工资待遇差距这么大！"一天晚上，咚妈下班回家后愤愤不平地说。

咚爸纳闷儿地问："这是怎么啦？"

"今天，领导给研发部的每个员工发了 20000 元的奖金，却一分钱都没给我们客服部发。"咚妈为此气愤不已。

"这是怎么回事儿呢？"咚爸问道。咚咚也看着咚妈。

"因为他们研发了新产品，让公司赚了钱。"咚妈说。

"那你们领导的确应该奖励他们啊！"咚爸说。

咚妈生气地说："可是，这几个月来，我们不仅要服务客户，还要每天加班给研发部打印资料、整理文件，忙得团团转，却只得到最基本的工资——3000元！"

"是不公平，但是也很合理。"咚爸说。

"合理？"咚妈很不认可咚爸的观点。

咚咚不太明白他们在讨论什么，静静地在一旁听着。

"你们部门负责的这些工作很多人都能做，可是研发部就不同了，他们负责开发新产品，是公司的核心部门，工资待遇自然会更好。"咚爸想了想，给咚妈解释了一番，"唉，可能是你们公司前段时间不景气，资金不足吧？"

好委屈呀！

咚妈和咚爸聊的关于工作和工资的事儿，咚咚记在了心里。

这天放学，皮蛋儿约咚咚去他家看动画片。

过了一会儿，皮爸下班回来了。咚咚最近对大人们的工作很感兴趣，好奇地问皮爸："叔叔，您是做什么工作的？"

人力资源管理？

"我是负责人力资源管理的。"皮爸回答道。

"人力资源管理是做什么的？"咚咚第一次听到这个名词，有些好奇。

"简单来说吧，就是公司每个员工做什么工作，发多少工资，都由我们部门来定。"皮爸解释道。

"那可以随意给员工们定工资吗？"咚咚兴奋地问。

"当然不能啦！定工资是有依据的，不能随便乱定。"皮爸笑着说。

"为什么很多人的工资不一样呢？我爸爸解释了，可我还是不太明白。"咚咚说。

"因为大家的工作岗位不一样，有的工作轻松，有的工作辛苦，辛苦的工作工资可能会高一些。"皮爸说。

"可是，我妈妈的工作很辛苦，工资却不高，这是为什么？"咚咚想起妈妈当时不开心的样子。

"因为你妈妈这个岗位为公司创造的价值不太高。"皮爸说。

"为公司创造的价值？"咚咚听不懂。

"就是给公司带来的利益，比如为公司赚的钱。"皮爸解释说。

"哦，原来是这样！"咚咚恍然大悟。

这时，皮蛋儿也凑了过来，问道："爸爸，我常听您和妈妈说什么'多劳多得'，是什么意思？"

"'多劳多得'就是干得越多，赚得越多。"皮爸说。

"真的是这样吗？"咚咚问道。

"不一定，但是一些计件的岗位，干得多的人的确挣得多呀。"皮爸说。

"什么是计件的岗位？"咚咚问。

"比如包粽子，谁包得又多又好，谁就挣得多。"皮爸说。

"那么，同一个岗位的工作，如果不是计件的，工资就一样多吗？"咚咚又问。

"也不一定。"皮爸说。

"这又是为什么呢？"咚咚十分困惑。

"皮蛋儿，你记得你妈妈的遭遇吗？"皮爸问皮蛋儿。

皮蛋儿想起来了，说："对呀，我妈妈已经在公司工作5年了，可是一个新来的人的工资就比她的高。"

"怎么会这样？难道不是在公司工作的时间越长，工资就越高吗？"咚咚很纳闷儿。

"这是因为新来的那个人工作经验更丰富。同一份工作，皮蛋儿的妈妈只有5年的工作经验，但是新来的人有10年的工作经验，老板当然更喜欢这个新来的人。"皮爸说。

"可是，这样会让老员工伤心的，我妈妈就特别伤心。"皮蛋儿说。

"那也没办法呀，这就是职场的规矩。"皮爸说。

他们刚聊到这儿，皮妈就回来了，还带回一个新消息。

"我们公司来了两个新人，都是刚毕业的大学生，还在同一个部门工作，可是他们的工资不一样，差1000元呢！"皮妈说。

"为什么？"两个小朋友很惊讶。

"因为其中一个人能力较强，而且在应聘时就提出了自己的薪资要求，公司为了留住人才，就给他提供更高的工资。"皮妈说。

"太不公平了！"咚咚说。

"这看起来似乎不公平，但让我们明白：要想获得更高的工资，就要提升自己的能力，并要努力争取。"皮妈说。

"工资是可以变动的，只要我们好好工作，提升能力，就不怕没有涨工资的机会。"皮爸强调说。

不过两个小朋友想的是："工作的事情太复杂了！"

爸妈的工资条里有大学问

　　每个月，爸爸妈妈都会收到公司发的工资。在我们小朋友看来，工资只是一串数字、一笔钱。其实，工资可没有小朋友们想的那么简单，里面的学问可大了！

哆哆的表哥大学毕业后，在一家健身器材公司做销售。

表哥答应过哆哆，挣到钱后就送她芭比娃娃。可是半年过去了，表哥还没有兑现他的诺言呢。

这天，表哥来哆哆家做客。

"表哥，我的芭比娃娃呢？"哆哆问道。

"唉，别提了，我根本没赚到什么钱。"表哥郁闷地说，"我是个销售员，工资和业绩直接挂钩，业绩越好工资就越高。可是，我的业绩一直不太好。"

"业绩不好是什么意思？"哆哆听着有些迷糊。

"就是我卖出去的健身器材太少了。"表哥解释道。

"那你上个月卖出去多少呢？"哆哆好奇地问。

"只卖出去两台跑步机。"表哥不好意思地说。

"那你能挣多少钱呢？"哆哆又问。

"一台跑步机 5000 元，卖出去一台我能拿到 2% 的提成，也就是 100 元……"表哥更加难为情了。

为了健康，运动起来！

芭比娃娃泡汤啦！

"什么，你才赚了200元！"表哥还没说完，哆哆就失望地说道，新的芭比娃娃看来是没指望了。

"其实不止200元，因为还有基本工资、全勤奖和保险！"表哥的脸红了，他想挽回点儿面子，赶紧补充道。

"这是什么意思呢？太复杂了！"哆哆本以为老板给员工发工资是一件特别简单的事情。

"哆哆，你以为工资只是几个简单的数字吗？"这时，哆爸过来了。

"爸爸，那您的工资也这么复杂吗？"哆哆问。

"当然啦，几乎每一份工作的工资都有这些内容的。"哆爸说着，起身回了房间，然后拿着一张小纸条走了过来。

这有啥用？

"看，这是我的工资条。"哆爸把小纸条递给哆哆。

"工资条？"哆哆仔细看着这张小纸条，上面写着"基本工资""绩效工资""奖金""提成""午餐补助""交通补助""社会保险""住房公积金"等，每项内容下面还写着不同的数字。

表哥也凑过来看："舅舅，我没有工资条。"

"那说明你们公司并不正规。"哆爸说，"工资条是公司给员工发工资的凭据，一旦工资出现什么问题，员工就可以拿着这张纸条找公司评理去。"

"而且，我们公司经常到月底还不发上个月的工资！"表哥生气地说。

"你真可怜啊。"哆哆很同情表哥。

"正常情况下，你们公司什么时候发工资？"哆爸问。

真是欺人太甚！

公司违法，我要举报。

中华人民共和国劳动法

"每月 20 号左右，但常拖到下个月，甚至下下个月，时间完全不确定，也不说原因。"

"按照《中华人民共和国劳动法》的规定，公司不得无故拖欠劳动者的工资，你们公司这么做违反了有关规定。"哆爸严肃地说。

"那我该怎么做呢？"哆哆的表哥问道。

"你可以去当地人力资源和社会保障局举报公司的所作所为，尽快要回自己的工资。"哆爸建议道。

"好，就这么办！"表哥想了一会儿说。

依据我国相关法律法规规定，如果公司和员工约定了发工资的时间，可是到了那天，公司因为各种原因发不出工资，可以往后延长几天，但是如果不断往后拖延，就违反了相关法律法规。员工可以采取法律措施来维护自己的权益。

哆哆的表哥要回了自己的工资后，换了一份新工作。

两个月后，表哥给哆哆送来了惊喜。

"哇，芭比娃娃！"哆哆看到表哥手里的芭比娃娃，高兴极了。

"怎么样？我遵守诺言了吧！"表哥高兴地把礼物递给她。

"你一定挣了很多钱，对不对？"哆哆接过礼物后问道。

"反正比以前挣得多，还有五险一金呢！"表哥满足地说。

"太好了！"哆哆由衷地替表哥感到高兴。

第4章

想赚钱就要有耐心

　　一位经济学家曾经说过："如果一个人长大后想有一份不错的收入，就要从小养成一种观念——放弃小的、眼前的奖励，耐心等待更大的奖励。"因为有耐心的人才能赚到更多的钱。

哆哆家发生了一些变化：哆妈辞掉护士的工作，自主创业，开了一家玩具店。

哆妈的玩具店刚开业几个月，生意一直不太好。这天傍晚，哆哆和哆爸去店里给哆妈帮忙。哆哆一直以为店里的生意很好，说："妈妈，今天您一定赚了很多钱吧？"

"销售额是 103 元，减去租金和电费，差不多赔了 50 元吧。"哆妈说。

"什么？赔了 50 元！"哆哆以为自己听错了。

"慢慢来吧，过一阵子生意会好一些的。"哆妈安慰道。

"我可不想慢慢来，还是快速地赚大钱比较好！"哆哆不高兴地说。

"什么？快速赚大钱？你是在说梦话吗？"哆爸笑着说。对于努力工作的哆爸来说，他太了解赚钱有多难了。

"我要当大富翁！"哆哆认真地说。

"那好啊，你帮妈妈出出主意，看看怎样才能快速赚大钱。"哆妈乐呵呵地说。

哆哆建议哆妈卖一些小朋友更喜欢的玩具，比如动漫玩具、玩偶等。

我是未来的大富翁！

第二天，哆妈进货的时候进了 10 个玩偶，让哆哆帮忙售卖。

哆哆自信地说："我保证一天就把它们全部卖掉，而且至少帮您挣 300 元！"

哆哆兴奋地拿着几个玩偶跑到路边儿去叫卖。

"这里有玩偶，快来买呀！"哆哆卖力地吆喝着。

"看，好可爱啊！"很多小朋友闻声都围上来看。

"很便宜的，80元一个！"哆哆大声说。

"太贵了！"有个女孩儿不满地说。

大家只是看了看哆哆的玩偶，然后就走开了。哆哆在路边儿叫卖了很久，可是一个玩偶也没卖掉。

过了一会儿，哆爸走过来对她说："你的玩偶卖80元一个，也太贵了吧！这么小的玩偶，卖30到40元一个就差不多了。"

"如果只卖40元的话，那每个玩偶只能赚20元，10个玩偶才赚200元，这样赚钱也太慢了！"哆哆不满地说。

走过路过不要错过！

"赚钱不能心急，否则连小钱都赚不到。"哆爸耐心地说道。

可不是嘛，她心急地叫卖了半天，结果一分钱都没赚到。

这时，一对母女走过来问她："玩偶多少钱一个？"

"40元一个。"好不容易来了顾客，哆哆赶紧改价。

"有点儿贵，30元一个怎么样？"客人说。

哆哆虽然非常不愿意，但也只能答应："好吧。"

就这样，哆哆终于卖出去一个玩偶，帮妈妈赚了10元钱。这是她一晚上的成果。

"原来赚大钱真的很难。"哆哆总算是认清现实了。

过了一个礼拜，哆哆再去哆妈的玩具店时，发现货架上的玩偶都不见了。

"妈妈，那些玩偶全都卖出去了吗？"哆哆好奇地问。

"对呀。"哆妈笑着说，"每天卖一两个，不知不觉就卖完了！"

"看来，赚钱真的不能着急呀！"哆哆说。

过了几天，哆哆去咚咚家玩儿。

"哆哆，你们家玩具店的生意怎么样？"咚咚问。

"生意已经慢慢变好了。"哆哆高兴地说，"我妈妈说了，赚钱不能心急，我相信以后我们家的玩具店一定会赚很多钱的。"

"我也这么想！"咚咚说。

"不过，难道真的没有暴富的方法吗？"哆哆问道。

几个小朋友坐在一起讨论起"暴富"的事情，咚爸觉得很有趣，就走过来听着。

怎样才能
暴富呢？

"大人们常说，卖
房子最赚钱，一次能赚
好几万甚至几十万元
呢！"咚咚说。

"可是，房子的总
价很高，而越贵的东西
越不好卖，如果没有耐
心和毅力，也挣不了大钱。有时一套房子要半年甚至一年才能
卖出去呢。"咚爸解释道。

"那做投资呢？我听说这样赚钱很容易。"哆哆说。

"做投资也需要耐心和专业知识呀！如果不认真分析市场，
胡乱投资，是不可能赚到钱的。"

咚爸接着说，"其实赚钱就像学习

一样，要慢慢来，一步一步地往前

走，只有努力付出，耐心等待，才

会有更多收获。"

"唉，看来真的没有暴富这件

事儿啊！"哆哆叹气说。

又过了一段时间，哆哆家的玩

具店的生意真的越来越红火了！

投资也太难了！

投资学

自己的钱自己赚，
自己的责任自己担

有的小朋友总喜欢把自己的事情推给别人做，甚至恨不得让别人帮自己学习、写作业。殊不知，我们每个人都要履行自己的责任。我们多偷一点儿懒，将来就会多损失一份财富。

哆哆见到羽灵姐姐穿了一件新连衣裙，非常漂亮。

"这可是我用自己赚的钱买的！"羽灵姐姐骄傲地说。

哆哆看着羽灵姐姐，也渴望能用自己赚的钱买一件衣服，那该多么自豪！

她在小区附近的童装店里看中了一条非常漂亮的连衣裙，想自己买下来。可是，这条裙子卖 399 元，她的存钱罐儿里现在只有 50 元钱，还差很多呢。

"我该怎么赚钱呢？"哆哆想着。

很快，暑假到了。楼上的李阿姨知道哆哆正在攒钱买裙子，找到哆哆，说："哆哆，听说你想自己攒钱买裙子，真棒！咱们小区刚刚开始实施垃圾分类，街道办在召集志愿者，你愿不愿意当小志愿者啊？街道办给志愿者每天 20 元的午餐补助，怎么样？"

"好呀！"哆哆太兴奋了，每天能赚 20 元！

第一个星期，哆哆特别认真负责，每天按时上岗，协助叔叔阿姨、爷爷奶奶把垃圾分类，并投放到不同的垃圾桶中。

第二个星期，哆哆有点儿不耐烦了，抱怨道："怎么总有人分不对垃圾呢？我每天太累了！"

"这是你答应别人的事情，再累也得完成啊。"哆爸说。

"我知道……"哆哆有些无奈。

这天，咚咚约哆哆出去玩儿。

"咱们进行骑自行车比赛吧！"咚咚说。

"好啊好啊！"哆哆推着自行车就往外跑。

每天有 20 元的收入呢！

"干什么去？到了志愿者上岗的时间了！"哆爸问。

"哎呀，反正您在家，这件事儿就拜托您了！"哆哆迫不及待地出门了。

15 天过去了，哆哆的志愿者工作结束了。李阿姨送来了 300 元钱。哆哆数钱时，哆爸说："你应该给我一天的补助啊。"

"为什么？"多多很纳闷儿。

"因为有一天的工作是我替你做的！"哆爸说。

"可是，您是我爸爸呀，您帮我是应该的，怎么能跟我要钱呢！"哆哆说着就把 300 元钱装进了自己的存钱罐儿里，根本不想分给哆爸一分钱。

哆爸无奈地看着哆哆，说："你真是'小财迷'！另外，我告诉你个好消息吧！叔叔升职了，成为派出所的所长了。"

"叔叔太棒了！"哆哆真心为叔叔感到高兴。

"你叔叔的确很棒，工作 8 年，几乎没有请过一天事假，每次查案都是最积极的。"哆爸说。

"叔叔太辛苦了，总要休息一下吧！"哆哆说。

"当然可以休息啊！但如果你叔叔经常偷懒，动不动就请假、推脱工作，还会有现在的成绩吗？"哆爸说。

"大人好累啊，我都不想长大了。"哆哆说。

哆妈说："你觉得小孩子过得轻松，是因为你经常把自己的事情推给别人做。"

"我哪儿有？"哆哆反驳道。

"怎么没有！你经常让我帮你收拾房间，让爸爸帮你整理书包，让咚咚帮你做值日，让奶奶帮你做手工。"哆妈列举了很多事儿。

听哆妈这么一说，哆哆不好意思地低下了头。

"哆哆，自己的事情要自己做，无论是赚钱还是学习，都要靠自己的努力去完成。"哆妈说。

"知道了，妈妈。"哆哆低着头说。

从那之后，哆哆对自己的事情独立承担，并认真负责。

周末的一天，哆哆、咚咚和皮蛋儿在社区广场摆了个书摊儿，出售他们看过的书，换点儿零花钱。

书摊儿的生意真不错，三个小伙伴忙得不亦乐乎。

这时，羽灵姐姐过来对哆哆说："哆哆，我路过童装店时看见有个女孩儿想买你喜欢的那条裙子，店主说就剩那一条了，你再不去买就没有了。"

"真的？"哆哆急得团团转，她一直攒钱，就是为了买那条裙子。她本想放下手里的工作，跑去把那条裙子买下来，可是咚咚和皮蛋儿已经很忙了，她不能走开。

"不管怎么样，我也要等收摊儿了才离开。"哆哆决定做一个有责任心的人。

两个小时后，书摊儿上的书全部卖完了。哆哆飞快地跑回家拿了钱，冲向童装店。

可是，那条裙子卖出去了。

哆哆特别失望，她失落地回到家，坐在沙发上掉眼泪。

"宝贝儿，你怎么哭了？发生什么事儿了？"哆妈问她。

哆哆抹着眼泪说："我一直想买的一条裙子被别人买走了，为了买这条裙子，我一直在努力赚钱。"

"是这样啊！没关系，我们可以从网上买。"哆妈说。

"对呀，我怎么没想到呢！"哆哆顿时笑了起来。

根据哆哆的描述，哆妈在一个购物平台上找到了一条一模一样的裙子。

哆妈本想把它作为奖励送给哆哆，以表扬她最近做事儿认真负责，但是哆哆不同意，她要用自己赚的钱买这条裙子。

过了几天，哆哆穿着新裙子来到学校，同学们都说："你的裙子好漂亮呀！"

"这可是我用自己挣的钱买的！"哆哆自豪地说。

第6章

每一种劳动都应该得到尊重

　　有的人认为工作环境优美、赚钱多的劳动是高级的，而工作环境差、报酬低的劳动是低级的。这种观念是错误的！在我们的社会中，每一种劳动都是平等的，没有高低贵贱的区别，只是分工不同罢了。

咚咚从来没当过班干部，他一直梦想着能当上班长，在班里"呼风唤雨"。新学期马上就要开始了，咚咚为了竞选班长，在假期里可是付出了十二分的努力呢！他把自己写的竞选演讲稿改了又改，背了又背。

　　终于开学了，第一天的班会就是班干部竞选。所有参与竞选的同学演讲结束后，大家开始投票。

　　咚咚从来没有这么紧张过。

　　最后，班主任王老师公布竞选结果："祝贺咚咚同学当选卫生委员！"

　　同学们都使劲儿鼓掌，但咚咚一点儿都高兴不起来。

　　放学后，咚咚跑到教师办公室对王老师说："老师，我不想当卫生委员，太没意思了！我要当班长，班长多威风啊！"

"其实所有班干部都是平等的，班长和卫生委员的区别不过是分工不一样罢了。"王老师解释说，"你知道为什么大家选你当卫生委员吗？"

"不知道。"咚咚摇摇头。

"因为你劳动的时候非常积极，而且人缘儿特别好，老师希望你能激发同学们的劳动热情，争取让咱们班在这个学期被评为'卫生先进班集体'！"王老师鼓励道。

王老师这么一说，咚咚勉强接受了卫生委员这个职务，但心里依然有点儿不舒服。

回家的路上，皮蛋儿和哆哆不停地开导咚咚，可咚咚就是高兴不起来。

咚妈下班回来了，一进门就高兴地说："今天总经理夸奖我们客服部门了，说我们这些客服是公司的'福星'！"

　　"客服怎么可能是公司的'福星'呢？"咚咚不以为然地说。

　　"客服为什么不能成为公司的'福星'？"咚妈纳闷儿地问。

　　"因为我觉得接电话之类的并不是什么重要的工作啊！"咚咚认真地解释道。

　　"接电话也很重要啊！就因为我们客服人员接待客户时既热情又专业，所以还帮公司赚了很多钱呢！"咚妈反驳说。

　　"真的吗？"咚咚很惊讶。

　　"当然是真的！"咚妈兴奋地说，"有个客户打电话咨询有关产品的问题，我耐心、认真地帮他解答，他非常满意，结果他非常认可我们公司，给我们公司介绍了一个大客户呢！"

“这可太酷了！”咚咚佩服地说。

“其实每个人的工作都是在帮公司赚钱，只是有的赚得多，有的赚得少而已。”咚妈说。

“我不信！就拿保洁员来说吧，不就是扫扫地嘛，根本不可能帮公司赚钱！”咚咚十分肯定地说。

“如果保洁员把公司打扫得一尘不染，其他员工一进门就会心情愉悦，工作也会更加努力，为公司赚更多的钱。这其中就有保洁员的功劳啊！”咚妈思路很清晰地说。

“可是，这点儿功劳也不算什么呀！”咚咚不屑地说。

“如果客户来公司参观，看到干净、整洁的大厅、电梯、办公室等，就会对公司产生好印象，更愿意和我们合作，这个功劳算大了吧！”咚妈进一步引导说。

"还可以。"咚咚说,"但我不会当保洁员的,我要当总经理、大老板!"

"可是,总经理、大老板只有一个,公司还需要其他员工,每个岗位都必须有人来做啊!"咚妈说。

"就算不当大老板,我也绝不做保洁员!"咚咚说。

"你可以不当保洁员,但不可以看不起保洁员!"这时,咚爸走过来说,"工作是平等的。如果每个人都嫌脏嫌累,不清扫马路,那我们的道路就没法走了。"

劳动包括脑力劳动和体力劳动。脑力劳动就是需要动脑筋的劳动,比如作家创作作品。我们学习也是一种脑力劳动。体力劳动就是需要用体力的劳动,比如农民伯伯种地。这些劳动都是平等的,每一种劳动都需要有人参与。

　　咚咚认真思考了这个问题，觉得这和班级管理很像。他想："如果所有的同学都当班长，没有人当卫生委员、文艺委员、体育委员，那么班级工作就会乱成一锅粥。"

　　咚爸接着说："其实社会就像一个公司，每个公司又像一个家庭。家庭里有很多家务需要做，比如做饭、整理房间、扫地、刷碗、洗衣服、刷马桶等。这些家务需要一家人分工完成，如果大家都嫌脏嫌累，那会怎么样呢？"

　　"那家里就没法儿住了！"咚咚说。

　　"所以我们要尊重每一种劳动。"咚妈说，"为了表达对所有劳动者的重视，人们还设立了'国际劳动节'呢！"

　　我们的社会就像一台机器，而每一种工作或者劳动就像组成这台机器的螺丝钉，一旦少了一颗螺丝钉，这台机器随时都可能停工、散架。

　　"原来设立劳动节是为了让我们明白这个道理啊！"咚咚恍然大悟。

　　"你知道吗？其实国内外很多国家领导人都出身于普通劳动者家庭呢！"咚爸说。

　　"真的吗？简直太不可思议了！"咚咚总算是明白了，原来所有的工作都是平等的，而且每一份工作都很重要。

　　第二天，咚咚一到教室就带着同学们打扫卫生。

　　"咚咚真是干劲儿十足呢！"哆哆说。

　　"看来他已经不再纠结当不当班长的事儿了。"皮蛋儿说。

两个月后，王老师告诉大家一个好消息："我们班被评为'卫生先进班集体'了！"

同学们都很高兴。

这时，王老师又说："我们取得这么好的成绩，离不开咚咚同学的努力，让我们给咚咚同学鼓鼓掌吧！"

同学们使劲儿地鼓掌，咚咚都有点儿不好意思了。

"咚咚同学，给我们讲几句吧！"王老师说。

咚咚站了起来，大声说："既然大家选我当卫生委员，我就要好好工作，多为班级做贡献！"

"太棒了！"同学们的掌声更响了。

我们班被评为"卫生先进班集体"了！

卫 生 先 进 班 集 体

第 7 章

小朋友也能用双手挣来报酬

　　我们小朋友从爸爸妈妈那里免费获得的东西很多很多，比如零花钱、玩具、衣服等。有的小朋友不知不觉就养成了坐享其成的坏习惯。其实，我们也可以参加一些劳动，不但能体会赚取报酬的酸甜苦辣，还能证明自己的价值呢！

这个周末，咚咚的爷爷奶奶来了。晚饭时，大家边吃边聊。

"我小时候从来没吃饱过，哪儿像现在这么幸福啊！"爷爷笑着说，"不过我很勤快，慢慢地就把日子过好了。"

"爷爷，爸爸一定是向您学习的才这么勤快吧！"咚咚说。

"哈哈哈，你爸爸的确很勤快，而且在上小学的时候就知道挣钱了。"爷爷笑着说。

"爷爷，您快给我讲讲吧。"咚咚的好奇劲儿上来了。

"那时啊，家里穷得很，你爸爸就经常上山挖野菜、摘野果，然后，背到十几里*外的集市上卖，好的时候能卖5元钱呢。"爷爷一边儿回忆一边儿说。

"5元钱？这么少！"咚咚惊奇地说。

"这你就不知道了。那个时候的5元钱可不算少，大概相当于现在的50元呢！"奶奶解释说。

---

*1 里＝500 米。

"你爸爸考上了中学后，每个假期都去饭店当服务员，一个月能挣 300 元。那个时候的 300 元相当于现在的 3000 元呢！"爷爷感慨地说。

挣到钱的感觉真爽……

"爸爸太厉害了！"咚咚由衷地赞美道。

"对呀，他从小就知道赚钱的辛苦，所以才不会乱花钱，省吃俭用地过日子。"奶奶说。

听着长辈们讲这些往事，咚咚既为爷爷和爸爸的勤俭感到自豪，又为自己平时什么都不做而感到有些惭愧。

过了几天，咚咚对咚妈说："妈妈，我也想像爸爸小时候那样自己挣钱。"

5角　5角

嘿嘿，一瓶赚它5角钱。

"当然可以啊，但是不能影响学习。"咚妈问他："你想怎么挣钱？"

"我已经和楼上张叔叔说了，暑假期间我想去他开在游乐园的商店里帮他卖东西。"咚咚说，"您放心吧。我会写完暑假作业再去。"

太感谢啦！

2.00
5.00

给你打个折！

"好吧。"咚妈没有反对。

咚咚要去游乐园卖东西，哆哆也尝试着投稿赚钱呢。她看到一家少年杂志社正在举办作文比赛，决定去游乐园找找写作灵感。

哆哆在父母的陪伴下来到游乐园。不远处，坐过山车的小朋友们发出既害怕又兴奋的尖叫声；水上乐园中的小朋友们在嬉戏打闹，像在过泼水节；骑着旋转木马的小朋友们转着圈、唱着歌。

"天气太热了。"哆爸说。

"爸爸妈妈，我去给你们买水吧。咚咚就在游乐园卖东西呢，我去给他捧捧场！"哆哆说。

"矿泉水 1.5 元一瓶，三瓶是 4.5 元，你是我的好朋友，可以享受打折优惠，所以三瓶只要 3 元。"咚咚十分大方地说。

"你真是太好了！"能节省 1.5 元钱，哆哆非常开心。

"你今天不是来游乐园找灵感的吗？找到了吗？"咚咚问。

"当然找到啦，我一定会写出一篇非常精彩的作文的！"哆哆自信地说。

赚钱啦，赚钱啦！

晚上吃完饭，咚咚高兴地向咚妈展示自己的劳动成果，说："看，我帮张叔叔卖东西，张叔叔奖励了我 10 元钱！"

咚妈把他称赞一番后，说："其实，学习也是在赚钱。"

"我天天学习，也没人给我钱啊！"咚咚说。

"知识就是财富！你现在所学的知识，会成为你长大后赚钱的好帮手。"咚妈解释说。

"真的吗？"咚咚有点儿不相信。

"当然啦！比如，医学知识可以帮助医生赚钱，经济学知识可以帮助企业家赚钱，你想想是不是这样。"咚妈说。

咚咚恍然大悟："真的是啊，我们上学就是在赚钱啊！"

半个月过去了，哆哆高兴地告诉朋友们一个好消息："我的作文获奖了，我还得到 50 元稿费呢！"

"太棒了！以后我们就叫你'小作家'了！"好朋友们由衷地祝贺她。

知识就是财富。

语文

第 8 章

骗子多多，我们要学会
保护辛苦挣来的钱

我们都知道，想过上富足的生活，就要用自己的双手和智慧努力挣钱。但是社会上有很多骗局，我们要学会保护好自己和家人辛苦挣来的钱，不能让辛苦挣来的钱落进坏人的口袋里。

哆哆一家人刚吃完晚饭，邻居张爷爷突然来访。

"我们是关系很好的老邻居了，我告诉你们一个赚钱的好项目啊！"张爷爷兴奋地说，"××公司的基金收益特别好，只要投入1万元，两年就能赚5万元呢！"

"什么，投资1万元，两年能赚5万元？怎么会有这么容易的事儿？"哆爸惊呆了。

"这家公司很厉害的，商场、电视上都有他们的广告呢！"张爷爷自信地说。

"收益越高，风险越大。收益这么高，可能风险非常大，您还是谨慎一点儿好。"哆爸提醒他说，"要不您和家人商量一下再买吧。"

"有什么可商量的，我自己的事情自己能做主！"张爷爷看哆爸不太相信，有点儿生气了。

大人们常说的买基金就是买证券投资基金，买基金是有风险的，购买时要特别谨慎。有些诈骗团伙借基金之名行骗，大家一定要警惕哦！

张爷爷瞒着家人投资了 2 万元，本想高高兴兴地坐等 10 万元的收益，谁知等来的却是个坏消息。

这天，张爷爷突然接到警察打来的电话："张大爷，您被诈骗集团骗了，他们已经卷钱跑了。"

张爷爷这才相信自己被骗了。

"怎么办，我的 2 万元就这么没了！"张爷爷非常后悔，但也无计可施。

"这群骗子真是太坏了，希望警察叔叔早点儿抓住他们，把张爷爷的钱要回来。"听说这事儿后，哆哆非常气愤。

这件事儿在小区内传开了，所有人都提高了警惕，以防上当受骗。

这天，咚妈正在厨房做饭，她的手机突然响了。"咚咚，帮妈妈接一下电话！"咚妈在厨房喊道。

"好的！"咚咚赶紧跑过去接电话。

咚咚接通电话后便说："喂，您好！"

电话那边说："小朋友，请问你妈妈是×××吗？"

"对呀，你怎么知道？"咚咚好奇地问。

"你妈妈在网上买的衣服被查出有质量问题，现在我们要给她办理退款业务。你妈妈现在很忙吗？"

"对，她在做饭呢！"咚咚毫无防备。

"那你就帮她操作一下退款程序吧。"

"好的。"咚咚按照电话里所说的，一步步地操作起来。

"现在请输入银行卡密码。"电话那边的人说。

"妈妈，您的银行卡密码是什么？"咚咚大声问道。

我是妈妈的小帮手！

"为什么要银行卡密码？"咚妈觉得很奇怪，就把燃气灶关了，自己接过电话，问个究竟。

"您是哪位，怎么还让我输入银行卡密码啊？"

　　电话那边的人说："您在一个网站买的衣服被查出有质量问题，现在我们要给您办理退款业务。"

　　咚妈疑惑地说："我很久没有从网上买过衣服了，另外，你为什么要银行卡密码？"

　　对方听后马上说："对不起，我打错电话了。"然后立刻挂断了电话。

　　咚妈想了一会儿，觉得打电话的人肯定是个骗子，就对咚咚说："咚咚，以后接电话时要特别注意，如果对方向你要身份证号码、银行卡密码等，你就要小心，千万不要上当！"

　　"哦！"咚咚听了有点儿后怕，如果他知道咚妈的银行卡密码，估计刚才就已经按照骗子的指令输入密码了，那后果将不堪设想。有了这次经历后，咚咚变得更加谨慎了。

周末，咚咚、哆哆和皮蛋儿三个小伙伴去公园玩儿。皮蛋儿最近存了不少钱，兴奋地大声炫耀说："我这半年存了600元钱！我今天都带出来了！"

"嘘，小点儿声，小心被坏人听到。"咚咚对两个好朋友说。

"哪儿有那么多坏人！"皮蛋儿满不在乎地说。

"我爸爸说了，出去玩儿的时候不要'露富'，否则会被坏人盯上的。"咚咚小声地对他们说。

"咚咚说得对，一定要小心骗子、小偷。"哆哆说。

"好吧，你们说的有道理。"皮蛋儿拍拍自己的书包说，"我把600元钱和存折都放在书包里了，等会儿玩儿完，我再去银行把钱存起来。"

嘘，财不外露。

"你这样带着钱和存折出来玩儿太不安全了，咱们现在就去银行吧，存完钱再玩儿也不迟啊。"咚咚说。

"好吧。"皮蛋儿接受了咚咚的建议。

三个人一起来到银行，把钱存入银行账户中。

"咱们先把存折放回家，然后再出来玩儿吧。"这时，咚咚又说。

皮蛋儿刚要拒绝，银行的工作人员就说："这个小朋友的安全意识很高啊！你们的确应该把存折放回家再出来玩儿。"

"行，听你们的。"皮蛋儿答应了。

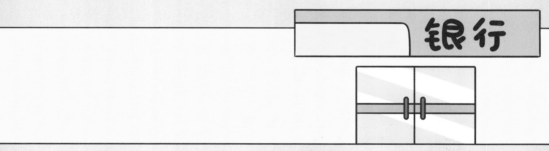

什么是"露富"呢？就是显露出自己身上有钱。很多有钱人都不敢随便露富，因为他们害怕被坏人盯上。小朋友出去玩儿时也一定要保持低调，不能让别人知道我们身上有钱，否则小偷、骗子就会打我们的主意。

走走走，先去存钱。

周末的下午，咚咚和咚爸坐公交车去看电影。

车上人很多，挤来挤去的。咚咚意外发现有个人正把手悄悄伸向别人的口袋，他拽了拽咚爸的衣袖，咚爸也看到了这一幕。

咚爸刚好坐在司机后边儿，就悄悄把这件事儿告诉了司机。

"车上人多，请大家保管好自己的财物！"司机大声提醒道。

车上的人一听，都赶紧检查并捂好自己的包和口袋，那个小偷没有得手。

车到站了，咚咚盯着那个小偷，发现他趁乱下车走了。

小朋友们知道吗？当我们乘坐公交车时，如果听到司机或者乘务员说"车上人多，请大家保管好自己的财物"时，那就说明车上可能有小偷，这时我们一定要提高警惕，保护好自己的财物。